水土保持科普知识读本

水利部水土保持司 编

黄河水利出版社

图书在版编目(CIP)数据

水土保持科普知识读本/水利部水土保持司编. —郑州:黄河水利出版社,2003.4(2009.3 重印)

ISBN 7-80621-669-3

Ⅰ.水… Ⅱ.水… Ⅲ.水土保持-普及读物
Ⅳ.S157-49

中国版本图书馆 CIP 数据核字(2003)第 019253 号

出 版 社:黄河水利出版社

地址:河南省郑州市金水路 11 号　　邮政编码:450003

发行单位:黄河水利出版社

发行部电话及传真:0371-66026940

E-mail:yrcp@public2.zz.ha.cn

承印单位:黄委会设计院印刷厂

开本:850mm×1 168mm　1/32

印张:2.75

字数:50 千字　　印数:10001-13000

版次:2003 年 4 月第 1 版　　印次:2009 年 3 月第 2 次印刷

书号:ISBN 7-80621-669-3/S·48　　定 价:18.00 元

开篇语

黄河为何流淌着那么多泥沙？

长江水为什么越来越浑浊？

洞庭湖为什么越来越小？

毛乌素沙漠为什么越来越大？

……

这些，令中国人思考、让全世界关注的热门话题，是人类对大自然无情报复的觉醒和反思。水土资源是人类赖以生存的条件。滥垦、滥伐、滥牧等不合理开发利用，导致水土流失、土壤肥力衰退、灾害频繁、生态环境恶化。皮之不存，毛将焉附？水土流失是动摇人类生存根基的隐形杀手。水土流失已经成为我国的头号环境问题。

欲见江山千里秀，先保大地一寸土。针对不同地区的水土流失特点，采取因地制宜的措施开展水土流失防治，修复生态环境，使有限的水土资源得以永续利用。这就是水土保持！

水土保持是一项艰苦的、需要长期坚持的、伟大的社会性公益事业，是我国的基本国策，是山区建设的生命线，是江河治理的根本，也是一项复杂的系统工程，需要全社会的共同参与。我们编辑出版《水土保持科普知识读本》一书，旨在更广泛地宣传普及水土保持知识，让全社会更加重视水土保持、珍惜水土资源，共同保护我们的生存环境，建设我们的美好家园！

目　录

水土流失的形成与危害

地球上人类赖以生存的基本条件就是土壤和水分。在山区、丘陵区和风沙区，由于不利的自然因素和人类不合理的经济活动，造成地面的水和土离开原来的位置，流失到较低的地方，再经过坡面、沟壑，汇集到江河河道内去，这种现象称为水土流失。

水土流失是不利的自然条件与人类不合理的经济活动互相交织作用产生的。不利的自然条件主要是：地面坡度陡峭，土体的性质松软易蚀，高强度暴雨，地面没有林草等植被覆盖；人类不合理的经济活动主要包括：毁林毁草，陡坡开荒，草原上过度放牧，开矿、修路等生产建设破坏地表植被后不及时恢复，随意倾倒废土弃石等。

水土流失对当地和河流下游的生态环境、生产、生活和经济发展都造成极大的危害。水土流失破坏地面完整，降低土壤肥力，造成土地硬石化、沙化，影响农业生产，威胁城镇安全，阻断交通运输，加剧干旱、洪涝灾害的发生、发展，影响水资源开发利用，导致群众生活贫困、生产条件恶化，阻碍经济、社会的可持续发展。

水土流失是我国的头号环境问题

我国的环境问题是多方面的，如城市空气污染、河流水质污染，工业的废水、废气、废渣（三废）污染等，但是，分布最广泛、危害最严重的是水土流失。我国山区、丘陵区面积约占国土总面积的2/3，大部分面积上都有水土流失。据2000年水利部水土保持监测中心采用遥感技术调查，全国的水土流失面积356万平方公里，占国土总面积的37%。水土流失不仅破坏当地的生态环境和农业生产条件，造成群众生活贫困，而且为下游江河带来严重的洪水泥沙危害。被洪水淹没的地方，不论城镇和农村，人民的生命财产都遭受严重损失。泥沙淤积在湖泊、水库、河床，对整个国民经济建设造成重大危害。所以说，水土流失是我国的头号环境问题。

◆水土流失有多种类型

根据产生水土流失的“动力”，分布最广泛的水土流失可分为水力侵蚀、重力侵蚀和风力侵蚀三种类型。

水力侵蚀分布最广泛，在山区、丘陵区和一切有坡度的地面，暴雨时都会产生水力侵蚀。它的特点是以地面的水为动力冲走土壤。

重力侵蚀主要分布在山区、丘陵区的沟壑和陡坡上。陡坡和沟的两岸沟壁的下部被水流淘空，上部土壤由于其自身的重力作用，不能继续保留在原来的位置，分散地或成片地塌落。

风力侵蚀主要分布在我国西北、华北和东北的沙漠、沙地和丘陵盖沙地区，东南沿海沙地和河南、安徽、江苏几省的“黄泛区”（历史上由于黄河决口改道带出泥沙形成）也有分布。由于风力扬起沙粒，使其离开原来的位置，随风飘浮到另外的地方降落。

◆ 水力侵蚀、重力侵蚀、风力侵蚀的不同侵蚀形态

在降水、地表径流、地下径流作用下，土壤、土体或其他地面组成物质被破坏、搬运和沉积的过程，称为水力侵蚀。根据水力作用于地表物质形成不同的侵蚀形态，进一步分为溅蚀、面蚀、细沟侵蚀、浅沟侵蚀和切沟侵蚀等。

地面岩体或土体物质在重力作用下失去平衡而产生位移的侵蚀过程，称为重力侵蚀。根据其形态可分为崩塌、崩岗、滑坡、泻溜等。

在气流冲击作用下，土粒、沙粒或岩石碎屑脱离地表，被搬运和堆积的过程，称为风力侵蚀。由于风速和地表物质组成的大小及质量不同，风力对土、沙、石粒的吹移搬运出现扬失、跃移和滚动三种运动形式。

◆ 水力侵蚀因发生部位的不同而分为面蚀和沟蚀

在山区、丘陵区的坡面和沟壑都有水力侵蚀，发生在坡面上的叫面蚀，发生在沟壑中的叫沟蚀。面蚀包括片状侵蚀、细沟侵蚀、浅沟侵蚀和切沟侵蚀等现象。沟蚀主要以沟头前进、沟底下切和沟岸扩张三种方式，分别向长、宽、深三个方向发展，不断使沟壑加长、加宽、加深，其结果是不断地割切和吞蚀地面，使地面变得支离破碎，沟壑的面积和体积越来越大。

◆ 重力侵蚀包括崩塌、滑塌、泻溜、陷穴、崩岗等各种现象

崩塌、滑塌、泻溜、陷穴、崩岗一般都发生在侵蚀活跃的坡面和沟壑中。

崩塌：沟壑两岸的沟坡或沟壁，坡度很陡，有的35～45度，有的甚至60～70度，处于基本稳定状态，如果沟底下切，沟坡或沟壁下部被水淘空，上部的土体因自身的重力没有支撑，就崩塌下来。

滑塌：沟壑两岸的沟坡，有的地方由于地质作用表层与深层土质不同，都向沟内倾斜。表层数米深的土质透水性较强，深层土质透水性较差或不透水，在两类土层的交接处形成一个“滑动面”，一般情况下能基本保持稳定。降雨时，表层土体吸收了水分，渗到下层不透水处，不能再向下渗透，达到或超过饱和，土体的自身重量增加，就沿着“滑动面”滑塌到沟中。滑体的深度，一般4～5米，深的可到8～10

米，最深的甚至20～30米。

泻溜：主要发生在黄土高原地区沟壑两岸的陡壁上，这些沟壁一般由粘性红土组成，坡度70～80度，甚至垂直。红土表层受风化作用，剥蚀成粗颗粒，脱离母体，其下部没有任何支撑，由其自身的重量经常地、分散地泻溜到沟中，随水冲走。

陷穴：陷穴也是黄土高原地区特有的侵蚀现象。在黄土沟头5～10米范围内，地面有低洼积水处容易发生陷穴。外形像土质水井一样，大致呈圆形的穴口，直径2～3米或5～6米，穴深5～6米，甚至20～30米，有的下部与沟底相通。产生的原因是：由于黄土有垂直节理性，而且土中富含易溶于水的碳酸盐，当地面低洼处积水以后，水沿着垂直节理向下渗透，将土体中的碳酸盐溶解，形成更易透水的上下通道；水流在地下与沟底相通，将土粒逐步带到沟中，穴的下部逐渐空虚，上部土体由于自身重量没有支撑就垂直下坠，致使陷穴越来越深。有的地方沟头或沟边出现一连串陷穴，发展的结果即成为沟壑的一部分。

崩岗：崩岗是我国南方广东、江西等省风化花岗岩地区特有的现象。在这些地区，由于气温高、降雨多，山区、丘陵区的风化花岗岩深50～60米或更深，由松散的石英颗粒组成。当地面有林草植被覆盖时，一般不会有崩岗发生，一旦地面植被被破坏，暴雨中坡面水流集中到浅沟，很快形成切沟和冲沟。沟头和沟壁的风化花岗岩石英颗粒大片大片地崩塌下来形成“崩口”。开始时崩口处宽、深各10米左右，长20～30米，逐步发展到宽、深20～30米，长100～200米甚至更长。崩岗是沟壑侵蚀的一种特殊形式。

◆风力侵蚀中的扬起、沉积和沙丘移动现象

扬起：在风沙区和丘陵盖沙区，风力经常在5～6级或7～8级甚至更大，大风过处把地面的沙粒、土粒刮起，随风搬运到远处。

沉积：被刮起的沙粒或土粒飘浮在空中一定距离，随风力的逐渐减弱，沙粒和土粒就逐渐降落到地面。

沙丘移动：上述扬起和沉积（搬运）的结果，沙丘就不断向顺风的方向移动。我国西北地区和长城沿线的风沙区，风从西北方向吹来，沙丘就向东南方向移动，每年1～3米。一般沙丘的迎风面坡度15度左右，背风面坡度35度左右，反映出沙粒沉落时其自然安息角在35度左右。

◆ 水土流失容易破坏地面完整

水土流失中的沟蚀是破坏地面完整的“元凶”。例如，黄河流域的黄土高原地区，许多地方沟头每年平均前进3米左右，把地面切割得支离破碎，从飞机上向下看，许多地方一半左右的地面都变成了沟壑。据黄土丘陵区许多典型小流域的调查，平均每平方公里面积上沟壑长度就有3～5公里。我国南方的广东、江西、湖南等省境内风化花岗岩地区的崩岗，也有类似的情况。破坏地面完整是破坏生态环境的一个重要方面。

水土流失使土壤肥力衰退，严重影响农业生产

暴雨中陡坡耕地的水土流失特别严重，据科学观测，15～25度的坡耕地每年每公顷流失水量400～600立方米，流失土壤30～150吨；土壤中的氮、磷、钾、有机质等养分会同时流失，造成土地日益瘠薄，田间持水能力降低，致使土地不耐旱，反过来又加剧了干旱的发展，其结果是农作物产量很低，农民生活贫困。例如，黄土高原地区，许多地方治理前一般每年人均粮食只有250～300公斤，灾年甚至颗粒无收，靠国家从外地调进粮食救济。

水土流失严重影响水资源的开发利用

水土流失造成大量泥沙下泄，淤积山塘、水库，降低了这些水利设施的蓄水功能，影响了水资源的开发利用。新中国成立以来，黄土高原各地在沟道中兴建的近3 000座小水库，大都淤满失效，被迫改作坝地使用。四川省龚嘴水电站库容3.6亿立方米，原设计为蓄水发电，1976年建成，1987年已淤满，改为径流发电。河北省庙宫水库，库容1.83亿立方米，1960年建成，1988年已淤积9 650万立方米，占总库容的53%。辽宁省兴修的733座小水库中10年左右已有106座淤满报废。广东省梅州市兴修的3.5万多座山塘和370座小水库，到80年代后期已分别淤积31.6%和61.5%，其中505座山塘库容已全部淤满报废。据1990年初步统计，全国各地由于水土流失损失水库和山塘库容历年累计在200亿立方米以上，按每立方米最低造价0.5元计算，直接经济损失在100亿元以上。至于因减少灌溉面积和发电量而造成的经济损失，至少应是损失库容造价的2～3倍。

水土流失影响交通运输

每年汛期，由于水土流失造成公路、铁路沿线山坡塌方而引起的交通中断事故，全国时有发生，不胜枚举。一次较大的事故直接经济损失往往以数十万元计。

由于水土流失，泥沙淤积在河道，加上其他因素，使国内许多河流航运里程缩短。例如，广东省内河航运里程，新中国成立前有2.0万公里，50年代初期减少为1.59万公里，70年代后期又减少到1.11万公里。四川省新中国成立前有通航河流91条，航运里程1.6万公里，到1983年减少到56条，航运里程0.8万公里。东北松花江流域，原有通航里程1 500公里，到90年代初期，减少为580公里。

◆水土流失加剧洪涝灾害

我国许多地方河流中下游平原地区的洪涝灾害，都是由于上中游山区、丘陵区的水土流失造成的。每年汛期暴雨过程中，山区、丘陵区严重的水土流失，从漫山遍野汇集到千沟万壑，由千沟万壑汇集到河道的支流和干流，形成来势凶猛的洪水，淹没田地、村庄、城镇，造成人民生命财产的巨大损失。

水土流失加剧洪水威胁还有一个重要因素，就是洪水中挟带的泥沙淤积在河流下游河床，使河底一年年抬高，减小了河道的行洪能力，洪水就向河流两岸漫溢，造成巨大灾害。这种情况黄河流域最有代表性。由于黄土高原严重的水土流失，大量泥沙淤积在下游河床，以致河床比两岸地面高出 4 ~ 10 米，形成“地上悬河”。汛期洪水奔腾咆哮在两岸大堤内，居高临下，十分危险。新中国成立前 2 500 年中，黄河大堤曾决口 1 500 多次，每次决口都造成人民生命财产的严重损失。1933 年 8 月，黄河大堤决口，受灾面积 6 592 平方公里，受灾人口 273 万人，伤亡 1.27 万人，直接经济损失 2.07 亿元（银元）。

新中国成立以后，我国东北和西南地区，森林破坏严重，水土流失加剧。1998 年夏天，长江流域和松花江流域分别发生特大洪水，情势十分危急。这一沉痛的教训，为全国人民敲响了警钟，为了保障河流中下游人民生命财产的安全，必须在上中游山区、丘陵区搞好水土保持。

暴雨强度大会产生水土流失

地面上的水分主要是由降雨所产生的。所降雨水一部分渗入到地面土壤中，另一部分不能入渗的就形成“地表径流”，冲走地面的土粒，产生水土流失。如果降雨的强度很小，降雨能全部被土壤吸收，不产生“地表径流”，就不会有水土流失。如果降雨强度很大，地面的土壤不能全部吸收所降雨水，就会产生“地表径流”和水土流失。

地面坡度陡峭会产生水土流失

水在平地上一般不会流动或流动很慢，没有动力，不能冲走地面的土粒。水在有坡度的地面上，流动加快，就产生了动力，就能冲动并带走地面的土粒。坡度越陡，水流动越快，动力也越大，产生的水和土的流失也就越多。

不同的地面组成物质产生水土流失的情况不同

地面组成物质主要有三类：一是土壤（及其成土母质），二是明沙，三是裸露的岩石。在同样的暴雨下，这三类物质的水土流失情况有所不同：一般山区、丘陵区地面的土壤（及其成土母质）入渗强度小于暴雨强度，本身质地又松软易蚀，暴雨中极易产生"地表径流"和水土流失；风沙区的明沙，颗粒较粗，空隙较大，暴雨中入渗强度很大，一般不产生"地表径流"，所以没有水和土的流失，只有刮风时才产生风力侵蚀；一般山区裸露的岩石，在没有严重风化解体的情况下，暴雨中入渗量很小，虽然"地表径流"较大，但由于岩石坚硬，不会像土壤那样容易被水冲走。

◆人类不合理的经济活动是造成水土流失的直接原因

从水土流失发展的历史和当前的现状两方面，可以看出人类不合理的经济活动是造成水土流失的直接原因。

从历史上看，在远古时候（五六千年以前），人们主要在平地上种粮维持生活，山区、丘陵区都有茂密的森林或草原，到处青山绿水，基本上没有水土流失。后来由于人口增加，平地种粮不够吃，就到山区、丘陵区去，毁林毁草，陡坡开荒种粮，于是就产生了水土流失。陡坡开荒种粮前一二年产量还可以，由于水土流失，土地日益瘠薄，生态环境日益恶化，粮食产量一年不如一年，加上人口增多，为维持生存又进一步毁林毁草，扩大陡坡开荒种粮，致使水土流失进一步加剧。这种“越垦越穷，越穷越垦”的恶性循环，造成了严重的水土流失。黄河流域的黄土高原地区就是典型的例证。

从当前的现状看，有些地方仍旧在毁林毁草，陡坡开荒种粮；有些由于开矿采石、修路及城市开发等基本建设，大量开挖土地，破坏原生地面，并随意倾倒弃土弃渣，形成虚土陡坡，暴雨一来，就产生水土流失。这种现象在经济快速发展的时期尤其严重。

水土流失有其自身的基本规律

水土流失的基本规律有两条:

(1) 地形、降雨、土壤(地面组成物质)、植被等四项自然因素必须同时处于不利状态(坡陡、暴雨、土松、无植被),水土流失才能发生与发展。其中任何一种因素处于有利状态,水土流失就可以减轻甚至制止。

(2) 人类不合理的经济活动可以使四种自然因素同时处于不利状态,从而产生或加剧水土流失。人类合理的经济活动也可以使四种自然因素中的一种或几种处于有利状态,从而减轻或制止水土流失。

我国目前总的水土流失状况

根据2002年1月水利部公布的“全国第二次水土流失遥感调查成果”,20世纪90年代末,全国水土流失总面积356万平方公里,其中水力侵蚀(简称水蚀)面积165万平方公里(占46%),风力侵蚀(简称风蚀)面积191万平方公里(占54%)。在上述面积中,水蚀与风蚀交错地区水土流失面积26万平方公里(占水土流失总面积的7%)。

在全国的水蚀面积中,不同侵蚀强度等级的

面积分别为：轻度侵蚀80万平方公里（约占49%），中度侵蚀56万平方公里（约占34%），强度侵蚀18万平方公里（约占11%），极强度侵蚀6万平方公里（约占4%），剧烈侵蚀3万平方公里（约占2%）。

在全国风蚀面积中，不同侵蚀强度等级的面积分别为：轻度侵蚀79万平方公里（约占42%），中度侵蚀25万平方公里（约占13%），强度侵蚀25万平方公里（约占13%），极强度侵蚀27万平方公里（约占14%），剧烈侵蚀35万平方公里（约占18%）。

由于各地自然条件与社会经济发展历史不同，影响到水土流失的特点也不同。为了根据不同的水土流失特点有区别地开展水土保持工作，把全国粗略地划分为西北黄土高原区、东北黑土漫岗区、北方土石山区、南方红壤丘陵区、南方石质山区、风沙区、平原区等7个大的水土流失类型区。

西北黄土高原地区水土流失的特点

黄土高原主要分布在黄河中上游，水蚀面积约45万平方公里。该区土层深厚、土质疏松、沟多沟深、地面坡度陡峭、雨量稀少、暴雨集中，植被稀少。在这样不利的自然条件下，加上历史上不合理的经济活动（主要是毁林毁草，陡坡开荒种植），造成水土流失中面蚀与沟蚀都十分严重。据观测，一般土壤侵蚀模数每年每平方公里5 000 ~ 10 000吨，有的甚至高达20 000 ~ 30 000吨。面蚀主要产生在坡耕地上，15 ~ 25度陡坡每年每公顷流失土壤75 ~ 150吨。沟蚀中沟头前进年均3米左右，有的甚至一年前进30多米；在沟中由于沟底下切，加剧了沟壑两岸崩塌、滑塌等重力侵蚀，成为小流域泥沙的主要来源。据黄土丘陵区一些小流域的典型观测，沟壑面积占总面积的40% ~ 50%，沟壑的产沙量却占总产沙量的50% ~ 60%。

东北黑土漫岗区水土流失的特点

东北黑土漫岗区主要分布在松花江中上游，是大兴安岭向平原过渡的山前波状起伏台地，是我国主要的商品粮生产基地之一，水蚀面积约13万平方公里。东北黑土漫岗区的地形特点是坡度较缓（一般3~5度），但坡面较长（一般800~1 500米）。黑土的有机质含量较高，耕作层疏松，底层粘重，透水性很差，暴雨中耕作层容易饱和，形成“地表径流”，加上农民长期有顺坡耕作的习惯，极易造成水土流失，使黑土层逐年变薄，粮食单产降低。许多地方已由面蚀发展到沟蚀，将坡面切割得支离破碎，不仅减少了耕地面积，而且加剧了旱灾的发生。在上游林区，由于人口增加，土地开垦大量、盲目发展，水土流失面积不断扩大。由于地面广阔空旷，风力畅行无阻，该区还有一定的风蚀存在。

北方土石山区水土流失的特点

北方土石山区主要分布在松辽、海河、淮河、黄河等四大流域的干流或支流的发源地，共有土石山区面积约75万平方公里，其中水土流失（主要是水蚀）面积48万平方公里。地面组成物质是石多土少，石厚土薄，地面土质松散，夹杂石砾。由于水土流失，坡耕地和荒地中土壤细粒被冲走，剩下粗沙和石砾，造成土质“粗化”；有的甚至岩石裸露，不能利用（石化）。由于土层薄，裸岩多，坡度陡，沟底比降大，暴雨中地表径流量大，流速快，冲刷力和挟运力强，经常形成突发性“山洪”，致使大量泥沙砾石堆积在沟道下游和沟外河床、农地，冲毁村庄，埋压农田，淤塞河道，危害十分严重。

南方红壤丘陵区水土流失的特点

我国南方红壤丘陵区主要分布在长江中下游和珠江中下游以及福建、浙江、海南、台湾等省。红壤总的分布面积约200万平方公里，其中丘陵山地约100万平方公里，水蚀面积约50万平方公里，是我国水土流失程度较高而且分布范围最广的地类。该区的水土流失，除一般面蚀与沟蚀外，还有“崩岗”这种特殊的流失形态。面蚀主要产生于坡耕地和荒坡。坡耕地的土壤流失量随坡度的增大而加剧。一般每年每公顷的土壤流失量，5～10度坡地为15～30吨，15～25度坡地为45～75吨。荒坡有灌草等植物覆盖的，一般流失轻微，许多地方由于铲草皮作肥料，破坏了地面被覆，致使水土流失加剧。

在四川和重庆的丘陵区、湖南的沅水和衡阳地区、江西的赣南地区，以及广东的南雄、兴宁，贵州的章赫等县，分布有大量的紫色页岩，其水土流失特点与红壤丘陵区相同。

南方石质山区水土流失的特点

我国南方石质山区主要分布在长江上游和珠江上游的四川、云南、贵州、广西四个省（区），以及甘肃、陕西两省的南部，分布范围共约94万平方公里，水土流失面积约34万平方公里。从危害特点看，一是石灰岩山区的坡耕地的“石化”，使耕地的数量和质量降低，威胁着当地农民的生存，以贵州、广西两省（区）分布最广；二是泥石流多发区，对沟口和下游危害剧烈，主要分布在云南和四川的接壤地区。

风沙区土壤侵蚀的特点

我国有风蚀面积191万平方公里，主要在风沙区。风沙区的主体在西北、华北、东北和中部“黄泛区”，东南沿海地区也有局部分布。

北方风沙区：主要分布在西北地区的戈壁沙漠、腾格里沙漠、毛乌素沙漠、库布齐沙漠及其邻近地区，其次是内蒙古、河北和东北三省(区)的西部，涉及新疆、甘肃、宁夏、内蒙古、陕西、山西、河北、辽宁、吉林、黑龙江等10省

（区）的207个县（旗、市）。大部气候干旱，年降水量在400毫米以下，风大风多，一年内大风30～50天，风力7～8级，地面遍覆明沙。每年从西北向东南方向移动1～5米，吞蚀大量农田和牧场。内蒙古自治区鄂尔多斯市在1957～1977年，沙化面积增加了100万公顷。风沙区内农田，每年地表土壤被风剥蚀2～3厘米；春季播种时经常连种带土一起刮走，严重影响农业生产。

中部风沙区：主要分布在河南、安徽、江苏境内的“黄泛区”。由于历史上黄河决口改道，在平原上冲出了一条宽浅河道，大量泥沙从决口处涌出，再经风力搬运，形成沙垄、沙丘和沙带，在垄、丘之间有大小不等的“风口”，是驱使沙丘移动的风源。

东南沿海风沙区：主要分布在广东、福建、浙江沿海一带，在海岸有沙滩分布的地方，海风扬起滩上沙粒，侵害沿海农田和村庄。

大力开展水土保持，预防和治理水土流失

面对严重的水土流失，我们的对策就是大力开展水土保持。即采取一系列预防和治理措施，保护、改良和合理利用水土资源，减少水土流失，减轻水、旱、风沙灾害，改善生态环境，促进社会经济可持续发展。

因为水和土是人类赖以生存的基础，在山区、丘陵区和风沙区水土流失以后，生态环境恶化，耕地土壤日益瘠薄，农作物产量降低，造成群众生活困难；同时，从山坡、沟壑流失下来的水和土汇集到江河，形成洪水和泥沙，给两岸人民的生命财产造成严重威胁。为了山区、丘陵区改善生态环境和农业生产条件，提高农民的生产生活水平，同时也为了减轻江河的洪水泥沙危害，必须大力开展水土保持。

目前水土保持的主要任务：一是预防监督，坚持“预防为主，保护优先”的方针，通过强化执法，有效控制人为造成的新的水土流失。二是综合治理，在经济比重大、人口密集、水土流失治理任务紧迫的区域，按以小流域为单元综合治理的技术路线，加强以小型水利水土保持工程为建设重点的综合治理。三是生态修复，在地广人稀、降雨条件适宜、水土流失相对较轻的地区，实施水土保持生态修复工程，通过封育保护、转变农牧业生产方式，减少人类活动对生态环境的破坏，实现生态系统的自我修复。四是监测预报，建立全国性、多层次水土流失监测网络，监测、预报全国及重点地区的水土流失状况和生态环境情况，为国家制定水土流失治理方略提供科学依据。

水土保持是我国的基本国策

1993年,《国务院关于加强水土保持工作的通知》强调:“水土保持是山区发展的生命线,是国民经济和社会发展的基础,是国土整治、江河治理的根本,是我们必须长期坚持的一项基本国策。”

为进行国民经济建设,保证国家富强、人民幸福,国家制定了有重大影响、需要长期坚持不变的政策,称为基本国策。水土保持就是国家制定的、对全国人民当前和长远都有重大影响、需要长期坚持不变的政策。所以说是我国的基本国策。

水土保持是我国山区发展的生命线

我国的山区、丘陵区、塬区,占国土面积的2/3,这些地方山地多、坡度陡、土层薄、暴雨多,自然条件差,人口增长速度快,人们被迫盲目开垦、过度放牧,造成“越垦越穷,越穷越垦,越垦水土流失越严重”和“越牧越荒,越荒越牧,越牧水土流失越严重”的恶性循环,使有限的土地失去农牧业利用价值,制约着山区经济的发展。我国5 800万贫困人口,绝大部分分布在水土流失严重的山区、丘陵区、塬区。黄土高原地区水土流失堪称世界之最,该地区列入国家“八七”扶贫计划的人口达2 300万。截至1997年底止,黄土高原地区完成初步治理水土流失面积17.13万平方公里,水土保持扩大灌溉面积33万多公顷,为1 000万人、1 500

万头牲畜解决了饮水困难；基本农田建设每年稳定增产粮食40多亿公斤，解决1 000万人的吃饭问题；水土保持林增加木材蓄积量5 000多万立方米，生产果品250亿公斤，累计产生经济效益2 000多亿元，解决了大量贫困人口的温饱问题，使该地区贫困人口减少到1 350万。因此说，水土保持是我国山区发展的生命线。

◆ 水土保持是山区、丘陵区生态建设的主体

在山区、丘陵区以及一切有水土流失的地区，影响生态环境的主要问题是水土流失，改善生态环境的主要措施就是预防和治理水土流失。只要把水土流失预防好、治理好，生态环境就能得到根本改善。所以说，水土保持是生态环境建设的主体。

◆ 水土保持是我国经济和社会可持续发展的重要组成部分

水土保持能增加环境人口容量。我国每年净增人口1300万，每年非农占用耕地350万公顷，石化、沙化损失耕地6.7万公顷（100万亩），现在全国人均耕地只有0.103公顷（1.55亩），以占世界7%的耕地养活着占世界22%的人口，保护可贵的耕地资源，已成为当务之急。水土保持保护和增加了可利用的水土资源，提高了水土资源的利用率。治理区农业生产条件的改善，抗旱、防涝、固沙等抗御自然灾害的能力增强，土地产出率大大提高，增加了环境容量，促进了人口、资源、环境和经济、社会的协调发展。黄河上中游四片重点治理区，治理前有些地方人们已无法生存，形成了生态难民；治理后人口环境容量每平方公里增加了20人。

水土保持能为可持续发展提供安全保证。泥沙淤积在江河湖库，是洪涝灾害的症结。大规模开展水土保持工作，建立完善的综合防护体系，减少泥沙淤积，从“源头”上解决了水患威胁，为国民经济可持续发展提供安全保证。

水土保持能促进社会进步。水土保持提高了环境容量，促进了土地利用和产业结构的调整，促进农林牧各业的全面发展，提高了综合生产力，发展了区域经济，使封闭、落后、荒凉、贫困的水土流失区，逐步建设成山川秀美的富庶地区。

◆拯救土壤就是拯救人类自己

据科学家推算，在无人扰动的正常情况下，形成1米厚的土层就需要1.2万～4万年，而在水土流失严重地区，每年流失土层1厘米，100年就流失1米厚的土层，流失速度比成土速度快120～140倍。如若任其不断流失，不仅影响当代人的生产、生活，还将影响到我们子孙后代和民族的生存。正如江泽民同志指出的“保持水土，利在当代，功在千秋”。所以说，拯救土壤就是拯救人类自己。

水土保持是江河治理的“根本”措施

水土流失使大量泥沙流入江河，抬高了河床，抬高了水位，影响了行洪，加剧了洪水危害。以黄河为例，黄土高原水土流失每年输入黄河泥沙16亿吨，筑成截面1米×1米的土堤，可绕地球赤道27圈，泥沙淤积使下游河床每年抬高近10厘米，形成地上“悬河”。黄河下游河床已高出两岸地面4~6米，最高处达13米。黄河花园口水文站1996年洪峰流量7 600立方米每秒的洪水位比1958年22 300立方米每秒的洪峰水位高出0.91米。五六十年代洪水从花园口到入海口只需7天，1996年则长达18天。因此，黄河难治的症结在泥沙。要减少入黄泥沙，必须搞好上中游地区的水土保持。水土保持是治理黄河的根本措施。黄河如此，其他江河也如此。

水土保持是实现我国西部大开发战略目标的“切入点”

西部地区矿产资源丰富，水土资源短缺；土地广阔，但沙化严重，自然景观独特，生态环境恶化。究其原因，主要是由于土地利用不合理、土壤渗透性和抗冲能力差、植被遭到破坏，开发建设不注意生态修复而引起日益严重的水土流失。西部地区水土流失面积占全国水土流失总面积的80%；森林覆盖率十分低，青海省仅为0.35%，新疆维吾尔自治区为0.79%，甘肃省为4.33%。严重的水土流失制约了社会、经济的可持续发展，加大了我国东西部的差距。1999年人均国内生产总值（GDP）东部地区10 089.5元，西部地区仅为4 216.9元。相反，搞好水土保持生态建设，不仅改善了农业生产条件，促进农林牧业的全面发展，而且可以改善投资环境，促进整个经济的发展，有利于取得“绿色产品通行证”，增强竞争能力，培育新的经济增长点；提高人们环境保护和建设意识，重塑西部地区的形象。因此说，水土保持生态建设是实现我国西部大开发战略目标的“切入点”。

◆新中国成立以来，党中央、国务院十分重视水土保持工作

毛泽东、邓小平、江泽民等党和国家领导人对水土保持生态环境建设事业给予了极大的关怀和重视，多次亲临现场视察，先后作出了一系列重要指（批）示。例如，1995年12月，江泽民

同志视察了甘肃省定西县官兴岔小流域；1997年8月5日，江泽民同志作出了“治理水土流失，改善生态环境，建设秀美山川”的重要批示。

新中国成立以来，国家多次召开全国水土保持工作会议，研究部署水土保持工作，推动了生态环境建设进程。50多年来，我国水土保持生态环境建设经历了四个发展阶段：从新中国成立到70年代为示范、推广、发展阶段；80年代为以小流域为单元进行综合治理与开发阶段；90年代为以预防为主、依法防治、深化改革、开展七大流域水土保持生态环境建设阶段；1997年江泽民总书记重要批示发表以来，进入了防治水土流失、改善生态环境、建设秀美山川的新阶段。

◆《中华人民共和国水土保持法》确立了我国的水土保持方针

1991年6月29日，《中华人民共和国水土保持法》颁布实施。1993年8月，国务院又发布了《中华人民共和国水土保持法实施条例》。我国的水土保持工作步入了预防为主、依法防治的轨道。

《中华人民共和国水土保持法》第四条规定：国家对水土保持实行预防为主，全面规划，综合防治，因地制宜，加强管理，注重效益的方针。

水土保持之所以要以预防为主，是因为现有的水土流失是历史上人类不合理的经济活动与不利的自然条件相结合而产生的，要治理好现有的水土流失，需经过数十年时间甚至几代人的努力。随着国民经济的蓬勃发展，今后开矿、修路、水利建设等各类经济活动必将日益增多，破坏地表、植被等现象将不可避免地发生，如不采取预防措施，一边治理，一边

破坏，甚至破坏大于治理，水土流失将是一个“无底洞”，水土流失的危害永远没有尽头，势必将影响到国民经济的健康发展。所以，必须以预防为主，使各类经济活动不再产生新的水土流失，以确保国民经济的可持续发展。

水土保持之所以要坚持综合治理，是因为：不同地区、不同地段水土流失的形式不同，需要采取不同的治理措施，包括增加地表覆盖的造林、种草措施，切断地表径流的坡面工程措施（梯田、反坡梯田等），拦截洪水的沟道治理工程措施，减少农地侵蚀的保土耕作措施等。这些措施，从坡面到沟道、从上游到下游统一配置，互相补充，层层拦截雨水，才能形成有效的防护体系。因此，水土保持必须要坚持综合治理。

◆《中华人民共和国水土保持法》明确了水土保持工作的归口管理部门和职责

《中华人民共和国水土保持法》第六条规定：“国务院水行政主管部门主管全国的水土保持工作。县级以上地方人民政府水行政主管部门，主管辖区的水土保持工作。”其职责：一是不断地建立和完善水土保持法律法规体系；二是制定行业规划和技术规范标准；三是抓重点工程和示范工程建设；四是建立执法体系，依法行政，强化监督；五是建立水土流失监测网络和预测预报信息系统；六是调查研究，为领导决策提供依据。

◆ 预防水土流失的法规条文的主要内容

预防水土流失的法规条文的主要内容有以下几个方面:

保护现有林草植被，禁止乱砍滥伐，禁止毁林毁草，开荒垦种，禁止在陡坡地、干旱地区铲草皮和挖树根。

禁止在25度以上陡坡地开垦种植农作物。对现有25度以上的陡坡耕地，应在建设基本农田的基础上，逐步退耕，种树种草，恢复植被。

在山区、丘陵区、风沙区开矿、修路、兴修水利工程等开发建设事业，在建设项目环境影响报告书中，必须有水土保持主管部门同意的水土保持方案，与主体工程同时设计，同时施工，同时投产使用，以防止由于破坏原有地形和地表植被产生的新的水土流失。

◆ 依法预防水土流失需要建立三个体系

一是法规体系。由国家和各级地方政府制定并颁布一系列的法律、法规，要求有关经济开发和建设单位遵守，在开发建设中编制水土保持方案，采取预防水土流失的措施。

二是监督执法体系。国家和各级地方政府的水土保持主管部门，设置水土保持监督执法机构和人员，监督各类开发建设单位依法认真实施水土保持方案，防止产生新的水土流失。

三是防治水土流失的技术措施体系。由国家水土保持主管部门（水利部）根据实践经验和科研成果，制定并颁发《开发建设项目水土保持方案技术规范》，明确规定开发建设过程中，不同情况下应采取的防治水土流失的技术措施，使各地实施中在技术上有所遵循。

违犯水土保持法律、法规应受到的处罚

一般情节轻微的，由水土保持监督执法人员对违法行为提出制止，并责令其依法办事，搞好水土保持；对违法造成水土流失危害的，根据危害程度负赔偿责任；对违法情节严重的，处以适当罚款；情节特别严重、触犯刑律的，送公安部门依法追究其刑事责任。

开发、建设过程中为了防止产生新的水土流失，必须采取的技术措施

开发、建设过程中为了防止产生新的水土流失，根据不同情况应当因地制宜地采取以下几类技术措施：

一是拦挡措施。利用拦碴墙、拦碴坝、拦碴堤等形式，就地拦挡开矿、修路等的弃碴、弃土、弃石等，避免在暴雨中被冲刷流失。

二是护坡措施。对开矿、修路等形成的挖方陡坡、填方陡坡或弃碴、废土堆积成的陡坡，根据不同情况采取植物护坡（种树、种草）、工程护坡（浆砌块石、干砌块石）、综合护坡（砌石草皮、格状框条），以及削坡开级（将陡峭土坡上部削缓，堆放在下部，或将陡坡开挖成若干1米左右宽的小台阶）等措施，防止暴雨中陡坡产生冲刷。

三是土地整治措施。对开矿、修路等地面上形成的深坑、浅凹，用机械或人工进行平整，根据不同情况，分别改造成池塘或农、林、牧业用地。

开展水土保持综合治理的科学程序

开展水土保持综合治理必须经过以下科学程序:

一是进行水土保持查勘（或调查）。了解需要开展水土保持的范围内的自然条件（地形、降雨、土壤、植被等）、社会经济情况（人口、劳力、农林牧副业的生产和群众收入、生活等）、水土流失特点（流失类型、流失程度、危害、成因等），作为编制水土保持规划的依据。

二是编制水土保持规划。根据了解到的自然条件、社会经济情况和水土流失特点，结合当地发展生产的需要，提出合理利用土地、控制水土流失和发展农林牧副业生产的技术措施，分析这些措施的实施进度、需要的投入和可能获得的效益（经济效益、生态效益、社会效益），并提出保证实施的措施和条件。

三是进行水土保持治理措施的设计。首先是以小流域为单元的初步设计，把各项治理措施（如坡面上的梯田、林、草，沟道中的谷坊、坝、库等），逐项落实到小流域内具体位置上；其次是根据各项治理措施落实的具体位置的立地条件（地形、土质、气候等），分别进行相应的技术设计，作为施工的依据。

四是组织实施。根据规划中提出的实施进度和各项治理措施在不同位置的具体设计，组织人力和机械，有计划地进行施工，每年完成年度计划，3～5年或8～10年全面完成规划中所确定的小流域综合治理任务。

◆在水土保持规划中必须划分重点预防保护区、重点监督区和重点治理区

在水土保持规划中，根据水土流失的现状、特点和潜在危险，进行“三个重点区”的划分：将天然林草覆盖面积较大、水土流失较轻，但具有水土流失加剧的潜在危险的区域，确定为重点预防保护区；将资源开发和基本建设较集中、人为破坏新增水土流失较严重的区域，确定为重点监督区；将现有水土流失严重并集中连片、面积较大、对当地和下游造成严重危害的区域，确定为重点治理区。

重点预防保护区是将大面积的森林、草原和连片已治理的成果，通过制定、实施防止破坏林草植被的规划和管理措施，给予重点预防保护。

重点监督区是将资源开发和基本建设规模较大、破坏地表植被造成严重水土流失的地区，列为重点监督区，要求有关单位编制水土保持方案，并与主体工程实行“三同时”制度，依法对水土保持方案的实施进行监督检查。

重点治理区是将水土流失严重、对国民经济与河流生态环境及水资源利用有较大影响的地区列为重点地区，进行综合治理。

◆ 加强封育管理，发挥大自然的生态自我修复功能，是防治水土流失的重要措施之一

在地广人稀、降雨条件适宜、水土流失相对较轻的山区、丘陵区，实施水土保持生态修复工程，通过封育保护、转变农牧业生产方式，控制人们对大自然的过度干扰、索取和破坏，依靠生态系统的自我修复能力，提高植被覆盖度，减轻水土流失。主要做法是：封山禁牧、轮牧、休牧，改放牧为舍饲养畜，保障生态用水，促进植被恢复。同时，加快这些地区的基本农田建设、水利基础设施建设，改善农村生产生活条件，发展集约高效农牧业，增加农民的经济收入，实现“小开发，大保护”；发展沼气和以电代柴，实施生态移民，确保农牧民安居乐业和社会稳定，为生态修复创造条件，促进大面积生态修复。

◆ 水土保持综合治理措施的分类

水土保持综合治理措施按以下两种方法分类：

一是根据治理措施本身的特性的不同，分为工程措施、林草措施（或称植物措施）和耕作措施三大类。治理中三类措施都要采用，称为综合措施。

二是根据治理对象的不同，分为坡耕地治理措施、荒地治理措施、沟壑治理措施、风沙治理措施、崩岗治理措施和小型水利工程等六大类。各类治理对象在不同条件下分别采

取工程措施、林草措施、耕作措施，以及这些措施的不同组合，总起来也是综合措施。

◆小流域综合治理的含义

小流域综合治理的含义是：以小流域为单元，在全面规划基础上，合理安排农、林、牧各业用地，因地制宜实施水土保持工程措施、植物措施、耕作措施，做到互相协调、互相促进，形成综合防护体系，发挥最大的效益。小流域综合治理要遵循自然规律和经济规律。

工程措施的作用

山坡防护工程的作用，在于用改变小地形的方法防止坡地水土流失，将雨水及融雪水就地拦蓄，使其渗入农地、草地或林地，减少或防止形成坡面径流，增加农作物、牧草以及林木可利用的土壤水分。同时，将未能就地拦蓄的坡地径流引入小型蓄水工程。在有可能发生重力侵蚀的坡地上，修筑排水工程或支撑建筑物，防止产生滑坡。

山沟治理工程的作用，在于防止沟头前进、沟床下切、沟岸扩张，减缓沟床纵坡、调节洪峰流量，减少山洪或泥石流的固体物质含量，使山洪安全排泄，对沟口冲积锥不造成危害。

山洪排导工程的作用，在于防止山洪或泥石流危害沟口冲积锥上的房屋、工矿企业、道路及农田等具有重大经济意义和社会意义的防护对象。

小型蓄水工程的作用，在于将坡地径流及地下潜流拦蓄起来，减少水土流失危害，灌溉农田，提高作物产量。

◆ 植物措施的作用

植被覆盖是自然因素中对防治土壤侵蚀起积极作用的因素，几乎在任何条件下都有阻止减缓水蚀和风蚀的作用。植被在水土保持上的功效主要表现为：拦截雨滴；调节地表径流；固结土体；改良土壤性状；降低风速，防止风害。此外，森林还有提高空气湿度、增加降雨量、调节气温、防止干旱及冻害、净化空气、保护和改善环境等多种作用。

◆ 保土耕作措施的作用

保土耕作措施分三类：一是改变微地形的保土耕作法。古代有坑田、代田、区田法；近代有垄作区田；现代有掏钵种、水平抗冲沟和抗旱丰产沟。其作用机理是沿等高线增加地面糙率，蓄存天然降水，减轻水土流失，达到农业增产的目的。二是增加覆盖的保土耕作法。主要有间作、套种、复种、草田轮作和休闲地种绿肥等。作用是增加植被覆盖度，减少水土流失，使用地和养地能有机结合。三是改良土壤的保土耕作法。如免耕、少耕、深耕和深松耕、增施有机肥料、铺压沙田等。在提高农作物产量的同时，还有增加土壤渗透性、保蓄水分、减轻径流冲刷的作用。

◆修建水平梯田的作用

水平梯田具有保水、保土、保肥的作用。把坡耕地修成水平梯田，可以减轻水土流失90%以上，是坡耕地治理的主要措施。

修建水平梯田应注意：一要搞好规划。要选坡度相对较缓（一般应在25度以下）、土质较好、距村庄较近、靠近水源的地方修梯田，同时要规划好机械和车辆进入梯田的道路。

二要搞好设计。最主要的是，根据不同的坡度确定相应的田面宽度。要求既要能便利耕作（包括机耕），又要能最大限度地省工。一般是：3～5度缓坡，田面宽度20～40米；15～25度陡坡，田面宽度8～10米。

三要搞好施工。一般是以村为单位，集中连片，统一组织，分户施工，有利于提高工效和质量。如是机械施工，则应以乡为单位，集中连片，统一施工，便于管理。

四要搞好田坎利用。根据气候条件和土壤条件，种植不同的经济植物或固埂植物，既巩固和保护田坎，又增加经济收入。例如，在田坎上种植黄花菜、花椒、柿树等。

五要努力争取高产。新修梯田第一年，应注意选种不怕生土的先锋作物（如马铃薯等）。同时，在梯田中要增施肥料，精耕细作，科学种田，力争高产。

修建坡式梯田的作用

有些地方（如东北黑土漫岗地区），耕地土层很薄，虽然坡度很缓，但坡面很长，水土流失也很严重。如果修筑水平梯田，把底土翻挖到田面上，会造成农作物减产，甚至不能耕作，在这种情况下，就需要修坡式梯田。在一个坡面上，从上到下，每隔 20 ~ 40 米，顺等高线修一道土埂，埂高 40 ~ 50 厘米，顶宽 30 ~ 40 厘米，这样，一个长的坡面被截断成若干段，水土流失可以大大减轻。同时，结合每年的农事耕作，向下方翻土，田面坡度还可以逐年减缓，若干年后可以逐渐变成水平梯田。

修建隔坡梯田的作用

我国西北黄土高原地区，有的地方气候干旱（年降雨量400毫米以下），地多人少，人均坡耕地1公顷左右，坡度15度左右，适于修隔坡梯田。在坡面上，从上到下，每隔5～6米坡面修一台水平梯田（田面宽5米左右），这样一面面斜坡与一台台水平梯田交替排列。暴雨中，每面斜坡上的“地表径流”流到下面紧挨着的水平田面上，形成天然灌溉，有利于农作物增产。同时，在一个坡面上，只需修平不到一半的田面，就可以控制整个坡面的水土流失。这也是加快治理、节省劳力的一个好办法。

对“五荒地”治理的主要技术措施

荒山、荒坡、荒沟、荒滩、荒沙被简称为“五荒地”(有的地方没有荒沙，称“四荒地”)。治理的措施主要是造林、种草、封禁等。必要的情况下配以小型水土保持工程措施。立地条件较好的地段可以与经济开发结合起来。

水土保持造林的主要技术

一是根据防治水土流失、改善生态环境和增加经济收入、提高群众生活的需要，合理地确定水土保持林与经济林(果)种植面积的比例。一般情况下要求农村人均有0.1公顷左右的经济林或果园，其余荒地和退耕地全部营造水土保持林和水源涵养林。经济林果要集约化经营。

二是必须注意适地适树。无论是经济林还是水土保持林或水源涵养林，选植的树种，都必须适应

当地的环境条件。例如，黄土高原北半部，气候干旱，山坡上造水土保持林，一般以灌木为主，乔木只种在沟底和“四旁”（渠旁、路旁、村旁、宅旁）等土壤水分条件较好的地方。

三是建立高质量的苗圃。根据造林需用的不同树种及其相应的数量，以乡、村为单元建立规模适当的高质量苗圃，就近育苗。用好苗、壮苗满足造林需要，是提高造林质量的重要一环。

人工种草的水土保持作用

人工种草包括陡坡地退耕种草和荒坡种草两方面，是山区、丘陵区、风沙区保持水土、解决“三料”（肥料、饲料、燃料）、发展畜牧业的重要措施之一。人工种草必须与发展畜牧业相结合，以草定畜、草畜平衡，做到饲草与牲畜协调发展。人工种草要选择产草量高、固土作用强、品质优良、牲畜爱吃的草种，兼顾保持水土和发展牲畜两个方面。

封山育林措施的作用

封山育林是保护生态环境、防止水土流失的重要措施，具体有两方面的作用：一是对现有完好茂密的森林实行封禁，不使遭受破坏；二是对衰退了的树林实行封禁和抚育，使它变得完好茂密，形成良好的生态环境。

封山育林需要有以下几项措施：一是在封禁林地的四周，作出明显的标志，明确封禁范围；二是与邻近有关的乡、村制定乡规民约，明确封禁的要求；三是设置监管哨所，安排专人看管；四是对违犯乡规民约、破坏林木的，要根据国家和地方政府的法律法规，给予适当的惩罚；五是对衰退林地，应根据具体情况，进行补种、补植，促进加快郁闭。

封坡育草措施的作用

在我国有些地多人少地区，有大片的荒坡和草原，生产活动以畜牧业为主(纯牧区)，有的在放牧的同时还兼营农业(半农半牧区)，由于过度放牧或扩大耕地，造成草场退化，载畜量降低，不仅影响畜牧业发展，而且造成水土流失和土地沙化，水土流失面积和风沙区面积日益扩大，草场面积日益缩小，同时，又进一步过度放牧，形成恶性循环。解决的途径是：必须实行封坡育草和退耕还牧(草)。

具体实施办法:一是实行草原划管，轮封轮牧，把现有的草坡分成若干片，其中部分放牧，部分封禁；让封禁地面的草类有恢复生长的时机，等封禁的这一部分地面草长好以后就实施放牧，对原来放牧那一部分再实施封禁。二是对封禁育草的部分地面，用木桩和铅丝做成围栏圈起来，进行有效保护。三是选条件较好的地面，进行人工种草，以补充饲草不足，促进封禁实施;有条件的地方还可以用打井、修渠等办法，对人工种草进行灌溉，提高产草量。四是半农半牧区的农耕地，要修成梯田或小片水地，实行科学种田，提高单位面积产量，防止扩大耕地，破坏草原。

◆进行沟壑治理的主要措施

沟蚀是水土流失的主要形式之一，沟壑发展是破坏地面完整、造成生态环境恶化最严重的形式，也是增加河流泥沙

的主要原因之一。为了保护地面完整,改善生态环境,减少河流泥沙,必须抓紧搞好沟壑治理。沟壑治理是小流域综合治理的主要措施之一,不能单独进行。沟壑治理的措施主要有以下几方面:

一是以小流域为单元,全面规划,综合治理,使暴雨中坡面不产生或少产生地表径流。

二是在沟头上修防护工程,防止坡面地表径流从沟头下泄,从而制止沟头前进。

三是在沟底比降较大(5%~10%以上)的沟段修建各种类型的谷坊,巩固并抬高侵蚀基准面(沟床),防止沟底下切,相应地稳定沟坡,防止沟岸扩张。

四是在沟中有泉水露头的沟段,修塘坝或小水库,蓄水利用。

五是在沟底比降较缓(小于5%)的沟段,修淤地坝(主要在黄土高原)或拦沙坝,不仅能巩固沟床,稳定沟坡,制止沟蚀,而且能拦泥淤地,变荒沟为良田,同时还能迅速有效地为河流减少泥沙。

六是在沟中适当位置,修建库容较大的治沟骨干工程,提高整个小流域的防御标准,暴雨中拦蓄沟中洪水,保护沟中淤地坝、小水库等工程安全生产。

上述措施中,沟底的谷坊、淤地坝(拦沙坝)、小水库、治沟骨干工程等,有机结合,各有明确的分工,共同构成一个完整的“坝系”,不仅能有效地制止沟蚀,而且能充分利用小流域的水沙资源,为提高群众的生产、生活服务。

修建淤地坝的作用

淤地坝是黄土高原地区沟壑治理中一种多功能的有效工程措施。它的主要作用:一是能巩固并抬高沟床,相应地稳定沟坡,防止沟底下切和沟岸扩张;二是能迅速有效地拦截小流域内坡面与沟壑流失下来的泥沙,为河流、湖泊、水库减轻泥沙负担,有利于下游防洪与水资源开发利用;三是坝内淤出的平坦肥沃的土地,群众叫“坝地”,土壤水分条件较好,耐旱,农作物单位面积产量较高(是坡地单产的5~6倍),是干旱、半干旱地区群众的“保命田”;四是有了坝地高产,解决部分粮食问题,有利于促进陡坡退耕、造林种草,实现综合治理与综合经营同步发展,加快改善生态环境和促进群众脱贫致富。

◆ 治沟骨干工程的作用和修建时必须注意的技术环节

治沟骨干工程是沟道坝系建设中最重要的措施,有三方面的作用:一是由于有较大库容,在坝系中上拦下保,能提高整个坝系的防御标准,保证淤地坝、小水库安全生产;二是在一定时期内(20年)可以蓄水利用;三是坝库淤满以后可以作为坝地使用。

修建治沟骨干工程必须做好规划、设计、施工与管理。

一是在以小流域为单元的坝系规划中,科学地部署治沟骨干工程,根据小流域的水土流失情况(主要是土壤侵蚀强度),每3~5平方公里修建一座。

二是要做好坝库建筑物设计,根据坝址地形,确定坝高与库容。一般每坝库容为100万立方米左右,其中,70%是拦泥库容,30%是滞洪库容,要求拦泥库容能容纳上游集水区20年的来沙量,滞洪库容能防御50年一遇的洪水;在此基础上相应地做好溢洪道和泄水洞等建筑物的设计。

三是要精心组织施工,保证工程质量。竣工后要做好管理养护。汛期暴雨时安排专人上坝巡视,遇有险情及时组织抢救。

崩岗治理的意义和治理方法

在我国南方的广东、江西、湖南等省的风化花岗岩地区，崩岗危害十分严重。崩岗是沟蚀和重力侵蚀结合的一种特殊形式，由于崩岗发展，把地面切割得支离破碎，影响土地利用；同时，从崩口流出的浑水，含有大量石英颗粒，酸性很强，流入水稻田会引起水稻减产，有的地方水稻田被石英颗粒覆盖，就不能继续耕种，危害十分严重，必须抓紧治理。

崩岗地区的每一个“崩口”就是一个集水区(小流域)，崩岗治理必须以崩口为单元，采取综合治理措施，上中下同时启动。第一是在崩口以上围绕崩口修截水沟(当地叫“天沟”)，防止坡面地表径流进入崩口；第二是在崩壁上开挖宽1米左右的小台阶，种上保土固土的灌木或草类；第三是在崩口底部就地取材修建土谷坊，巩固沟底，防止下切；第四是在临近出口处修拦沙坝，拦截崩口内下来的泥沙，使其不流到口外，危害农田。

◆风沙区治理的意义和治理方法

风沙区是风蚀的主要地区,风蚀的主要形式是风对沙粒的扬起、搬运、沉降,造成沙丘移动。由于沙丘移动,吞蚀农田、牧场,影响交通,威胁城镇。我国西北地区的风沙区由于沙粒远扬,造成沙尘暴天气,影响到北京、天津以及华北等地的生态环境,危害十分严重,必须加强治理。

风沙区的治理要把沙地看作是一种宝贵的土地资源,坚持“除害兴利结合”的原则,在制止风沙危害的同时,把沙地改造为农、林、牧业生产基地。主要措施是:根据治沙规划,营造与主风向正交的大型防风固沙林带,减弱风势,制止沙丘前进; 在林带保护下,成片地造林、种草,全面固沙,变沙地为林牧用地; 在农田四周营造农田防护林网,保护农田不遭风蚀;在有水源的地方引水拉平沙丘,造成平坦的农田,或用推土机推平沙丘造田,把无用的沙地改造成高产的农业生产用地; 在流动沙丘上造林种草,由于沙粒移动较快,影响林草成活,须先用秸秆、柴草等在地面做成沙障,把沙丘固定,再造林种草。可以说,设置沙障是固沙的“先锋”措施。

如何营造大型防风固沙林

营造大型防风固沙林，首先应做好规划，林带设置在农田林网外围的沙丘前沿地带及流沙边缘与农田绿洲交界处;林带走向应与主风向正交部署，根据风力强劲程度，部署单带、双带或多带。在我国西北风沙区，一般林带宽20～50米，间距50～100米；在东南沿海地区，根据风力和海滩情况，一般林带宽10～20米，乃至100～200米，间距100～300米。造林的林型，可采用乔木与灌木混交，防风固沙效果更好。

风沙区设置沙障的方法

在风沙区设置沙障，根据风向情况分别采取不同的平面布设形式。在主风向基本稳定的地方，一般应与主风向正交设置带状沙障；在主风向不稳定或有较强的侧向风的地方，设置网状（方格）沙障。沙障一般由柴草或作物秸秆做成，有高立式与低立式两种。高立式柴草长1米左右，埋入地下0.3米左右；低立式柴草长0.5米左右，埋入地下0.2米左右。带状沙障带宽1米左右，带间距4～5米。网状沙障的方格尺寸，根据风力情况，一般为2～3平方米。

引水拉沙造田的方法

在风沙区有水源的地方，可以引用水流拉平沙丘，造成平坦高产的良田，同时制止沙丘流动。引水拉沙造田，应先修好引水渠和蓄水池（位置较高），把从水源处（河流或水库）引来的水蓄在池内，在准备造田的地方（位置较低）四边修上围埂，从蓄水池中放出水来冲刷沙丘底部或中部，利用水力把沙丘拉平，水和沙流到四边有围埂的低洼地面，淤成平展农田，在围埂的较低一端，设一出水口，放出清水，农田就可耕种利用。

在没有水源的地方，也可以用推土机推平沙丘，改造成农田，其效果与引水拉沙造田相同。

在山区、丘陵区修建小型蓄水工程的作用

山区、丘陵区修建的小型蓄水工程有截水沟、蓄水池(陂塘、山塘、塘坝)、水窖、涝池等多种形式。它们的主要作用是：拦蓄地表径流，供人畜饮用和小范围的农田灌溉，同时减轻水土流失。

在我国南方，许多山区、丘陵区的农田（包括梯田）在

坡面的中部或下部，坡面的上部和中部是林地、草地和荒地；遇有暴雨时，上部和中部的地表径流下来，往往冲坏中部和下部的农田，因此需要在坡面的上部和中部修截水沟，并在适当位置修山塘（陂塘）。暴雨时由截水沟拦截坡面上部和中部的地表径流，并引入附近的山塘存蓄，既保护了中部和下部的农田，天旱时又可以利用蓄在山塘里的水来灌溉，一举两得。

在我国北方，许多干旱半干旱地区、丘陵区，不仅农业生产受到干旱威胁，而且人畜饮水也很困难，群众在村旁、路旁、宅旁修水窖和涝池，暴雨时拦蓄村庄、道路上的地表径流，以解决人畜饮水，有的甚至还可用来点浇宅旁的小片农地，进行抗旱，获得了更高的效益。由于减少了地表径流，相应地也就减轻了水土流失。特别是黄土高原地区，村旁、路旁的涝池蓄水，配合沟头防护工程，对制止沟头前进，效果显著。

引洪漫地的作用及实施方法

在我国北方（特别是黄土高原）干旱、半干旱地区，暴雨时引用坡面、道路、沟道或河流的洪水，淤漫农田，可以显著地提高农作物产量，同时可以减轻坡沟水土流失，减少河流的洪水、泥沙，是一举两得的好措施。有的地方河道两岸滩地很宽，遍布石砾，不能利用，通过科学规划设计，在保证防洪安全的前提下，顺河修堤，在堤内引洪水淤漫，可以把无用的河滩改造成高产的良田。

引洪漫地有引坡洪、路洪、沟洪、河洪等多种形式。

引坡洪和路洪漫地:不需修任何工程，暴雨时在有坡洪的地方就近取土，做成临时土埂，分段把坡洪、路洪引入附近农田。这种形式费用低、收效大。

引沟洪漫地：一般用于直接进入河流两岸的小沟，集水面积1平方公里以下。在沟口附近修一座拦洪坝，坝侧修一道排洪渠，拦截沟中洪水，通过排洪渠引入河岸川、台地，淤漫农田。农田内需作好引洪干渠和支渠，并分台做好围埂与进水口、出水口，从较高处向较低处逐台淤漫。

引河洪漫地：在河岸高于水面的地方，拦河修滚水坝，抬高水位，引水入渠；引洪渠系工程分干渠、支渠、斗渠，一般干渠沿河岸最高处，支渠与干渠正交，斗渠又与支渠正交，通过渠系布设把计划淤漫的农田分成若干个耕作小区和地块；在各级渠系交接处修分水建筑物，在每个地块四周修围埂和进水口、出水口。

◆ 开展水土保持能产生巨大的基础效益和经济、生态、社会效益

开展水土保持能产生多方面的效益，即基础效益（保水、保土效益）、经济效益、生态效益和社会效益等多个方面。具体地讲，开展水土保持，能治理水土流失，改善生态环境，减少河流泥沙与洪水灾害，提高水资源与土地资源的有效利用率，改善农业生产和农民生活条件，促进人口、资源、环境和社会经济的可持续协调发展。

水土保持的基础效益即保水效益和保土效益。保水效益：通过改变微地形、增加地面覆盖、改良土壤性质，增加土壤入渗，形成土壤水库；修建坡面小型蓄水工程、“四旁”小型蓄水工程、沟底谷坊、坝库工程，拦蓄地表径流。保土效益：增加地面覆盖减少溅蚀；变坡地为平地、改良土壤理化性质，减轻面蚀；采取制止沟头延伸、沟底下切、沟岸扩张措施，防止沟蚀；建设坡面水系和谷坊、坝、库，拦蓄坡沟泥沙，做到水土流而不失。

水土保持的经济效益包括直接经济效益和间接经济效益。直接经济效益，包括各项水土保持措施实施后所增产的粮食、果品、木材、饲草、药材和枝条等直接作为商品出售，或转化成商品出售产生的经济效益。间接经济效益，包括增加的各类产品就地加工增值和各项措施节约的土地、劳力等折算的经济效益。

水土保持的生态效益包括改善生态环境、减少自然灾

害、延长生物链、保护生物多样性、促进物质和能量的转化、提高转化效率等。

水土保持的社会效益体现在增强抵御自然灾害的能力和促进社会进步两个方面。抵御自然灾害包括：保护土地完整，防止土地石化、沙化和荒漠化，缓解水资源短缺的矛盾。促进社会进步包括：改善农业基础设施，提高土地生产率和水资源利用率；促进土地利用结构调整，适应社会经济发展的需要；提高环境容量，缓解人地矛盾，促进可持续发展。

◆ 不同的水土保持措施分别发挥不同的作用、产生不同的效益

水土保持的主要措施包括工程措施、植物措施、耕作措施。

水土保持工程措施又包括坡面工程措施和沟道工程措施。坡面工程措施有：修筑梯田，开挖丰产沟、鱼鳞坑，修集雨水窖、蓄水涝池、截水沟等。沟道工程措施有：治沟骨干坝、淤地坝（拦沙坝）、小水库、谷坊工程等。工程措施是通过改变微地貌、修建水工建筑物等来拦泥蓄水，使降雨产生的径流、泥沙就地被拦蓄，减少暴雨对耕地土壤表面的冲刷，减少河流泥沙对河道及坝库等水利工程的淤塞，从而保护土壤及其养分免遭冲刷、水分免遭流失，同时也减轻洪水危害，提高水利工程的利用效率。修筑水平梯田、淤地坝等能改善农业生产基础条件，提高土地生产力。

植物措施主要包括人工水土保持林、草建设和天然林、

草地的封育等。植物措施中的水土保持林能有效截留降雨，减轻雨滴对土壤的溅蚀；其枯枝落叶层能拦截、分散、滞缓和过滤地表径流，防止面蚀、片蚀、细沟侵蚀的发生，也能改良土壤、培肥地力；林木根系能固持土壤，提高土壤抗蚀力；能提供多种林产品，产生很好的经济效益。水土保持牧草是绿化荒山、恢复植被、减少土壤侵蚀最快捷有效的措施，同时也是发展畜牧业、改善农业产业结构的重要途径。

耕作措施主要包括因地制宜地选择农作物种植制度、耕作技术及施肥方式。通过科学合理地调整农作物种植制度和土地利用结构，选择适宜的耕作技术，实现有效蓄水保土、提高土地生产力和经济效益的目的。

在一定的地貌单元内，通常将工程措施、植物措施、耕作措施进行科学、合理、有效的配置，使其产生最大的水土保持效益。

水土保持坝库工程的效益

水土保持坝库工程的效益包括以下几个方面:

(1) 拦泥淤地，变荒沟为良田，增产粮食。陕北地区普查显示，通过修建治沟工程、打坝淤地，已新增耕地2.64万公顷。坝地粮食单产一般为3 750 ~ 4 500公斤每公顷，最高可达7 500公斤每公顷，是坡耕地产量的5 ~ 10倍。

(2) 抬高侵蚀基准，防止沟底下切、沟岸扩张、沟头延伸，减轻沟蚀。甘肃省西峰市南小河沟流域，20世纪60年代初期有滑塌100多处，泻溜39万立方米，修了谷坊、坝、库后，淤泥抬高沟床13 ~ 25米，稳定了沟头、沟坡，崩塌、泻溜大部分得到控制，有效地减少了沟道侵蚀量。

(3) 控制泥沙不出沟，减少流入江河泥沙量。据分析，黄河流域淤地坝累计拦泥71.3亿立方米，占全流域各项水土保持措施保土量的66%。

(4) 拦蓄洪水，合理利用水资源。据统计，933座治沟骨干工程可蓄水0.3亿立方米，可发展灌溉面积1.25万公顷，并可解决生活用水和发展水面养殖。

(5)以坝代路，改善交通条件。黄土高原山大沟深，“隔沟经常见面，握手却要半天。”筑坝后以坝代路，改善了交通条件。

坡面水系工程的效益

坡面水系工程由拦水沟、蓄水池、水窖、沉沙凼、排灌渠等组成。作用是：分散、拦截坡面径流；防止冲刷，蓄积坡面来水，提供灌溉和人畜饮用水源；排出多余径流，防止泥沙下泄，保证农田安全；做到能拦、能蓄、能引、能灌、能排，保持水土，发展生产。据四川省水土保持局测算，该省坡面水系工程每年拦截的泥沙达1 600 ~ 2 500吨每平方公里，占土壤侵蚀量的45%。

小流域综合治理已成为治理水土流失的成功经验之一

小流域综合治理是以小流域为单元，在全面规划的基础上，合理安排农、林、牧各业用地，因地制宜实施水土保持工程措施、植物措施、耕作措施，做到互相协调、互相促进，形成综合防护体系，发挥最大的效益。小流域综合治理要遵循自然规律和经济规律。如内蒙古自治区准格尔旗川掌沟小流域，总面积147平方公里，全部有水土流失，多年平均土壤侵蚀模数1.83万吨每平方公里，最高可达5.35万吨每平方公里，年均流失土壤76.3万吨。严重的水土流失制约了流域经济的可持续发展，危及人类生存空间。1983 ~ 1999年，全流域大力开展水土保持工作，治理水土流失面积118.83平方公里，治理程度达到80.84%，实现人均基本农田0.083公顷(2.5亩)、人均水土保持林2.27公顷(40.8亩)、人均经济林0.12公顷(1.8亩),人均人工草地0.25公顷(3.75亩)。这些措施发挥了显著的效益:蓄水保土效益方面,拦蓄径流泥沙率分别达到81%和84%。经济效益方面,与治理前相比,年人均产粮由247公斤增加到1 100公斤,提高了3.45倍;年人均收入由65元提高到2 450元,增加了37倍。生态效益方面,全流域林草措施面积占宜林总面积的92%,林草覆盖度达到76.2%,生态环境趋于良性循环,被誉为"黄土高原上的小江南"。社会效益方面,流域内土地利用率由15%提高到82%;年土地生产率由105.3元每平方公里提高到1 633元每平方公里,增加了14.5倍。

◆ 水土保持能有效减轻风沙危害

陕西省榆林地区是风力侵蚀严重地区，通过长期的水土保持综合治理，林草植被覆盖率由20世纪50年代初期的1.84%提高到现在的39.8%；带、片、网防风固沙林带使40万公顷的流动沙丘得到固定或半固定，南移沙流被遏制；沙丘平均高度降低了30%～50%，年沙暴日数由66天降到24天；6条河流输沙量减少51%；60万人在流沙地开辟了绿洲，重建了家园，变沙进人退为人进沙退。

我国目前各项水土保持措施已发挥的保土效益

据初步统计分析，我国各项水土保持措施每年可减少土壤侵蚀量15亿吨。开展水土保持工作最早的黄土高原地区，多年平均减少进入黄河的泥沙3亿吨，为黄河安澜做出了很大的贡献。长江上游水土保持工程每年减少土壤侵蚀1.5亿吨。海河官厅水库上游被列为国家重点治理区以来，每年泥沙淤积量由治理前的2 000多万吨下降到近10年的300万吨，延长了水库寿命，保证了向北京市供水的能力，减轻了对下游的危害。

全国水土保持已产生的经济效益

我国水土保持所产生的直接经济效益主要包括：基本农田建设每年可增产粮食160亿公斤；营造的经济林果年增产果品250亿公斤。全国实施的水土保持工程已经使1 000万人脱贫致富，重点治理区群众的脱贫率达到90%以上。仅黄土高原地区，水土保持综合治理经济效益就达2 000亿元左右。

开展水土保持有效提高了水资源利用率

据近50年资料统计，全国各项水土保持措施累计保水量达到5 159亿立方米，年均保水量101亿立方米，2000年一年保水量就达到259亿立方米。全国233万座水土保持治沟骨干工程、淤地坝、蓄水池、水窖、涝池、塘坝、谷坊等蓄水工程，在有效利用期内累计蓄水494亿立方米，平均年蓄水38亿立方米，按80%的利用率计，解决了8 500万人和9 000万头牲畜的饮水问题。按照以往的惯例，黄河每年要用200亿立方米的水冲沙入海，但随着黄河流域水土保持工作的加快发展，减沙作用随之提高，现在的冲沙用水量已明显减少。

◆水土保持预防监督工作严格执行“三权、一案、三同时”制度

“三权”即监督权、审批权、收费权。监督权是指水行政主管部门对水土保持法及实施条例的执行情况有监督检查的权利。审批权是指对从事与水土保持有关的生产建设的公民法人或其他组织申报的水土保持方案有审批的权利。收费权是指对造成水土流失的开发建设单位或个人有征收水土流失防治费和补偿费的权利。

“一案”即在山区、丘陵区、风沙区修建铁路、公路、水工程，开办矿山企业、电力企业和其他大中型工业企业，在建设项目环境影响报告书中，必须有水行政主管部门同意的水土保持方案；在山区、丘陵区、风沙区依照矿山资源法的规定开办乡镇集体矿山企业和个体申请采矿，必须持有县级以上地方人民政府水行政主管部门同意的水土保持方案，方可申请办理采矿批准手续。

“三同时”即指建设项目中的水土保持设施，必须与主体工程同时设计、同时施工、同时投产使用。建设工程竣工验收时，应当同时验收水土保持设施，并有水行政主管部门参加。

◇ 水土保持生态建设需要多渠道的资金投入

水土保持生态建设是一项利在当代、功在千秋的社会性公益事业，由于需要投资的量大面广，除了国家投资外，还需要广泛开拓资金投入渠道。目前水土保持项目所需的资金采取多层次、多渠道筹集，一般包括中央财政资金，部门、集体和农民群众自筹资金及其他资金。国家支持和鼓励事业单位、企业和个人通过承包、租赁、购买“四荒”使用权和股份合作的形式投资治理水土流失，形成“水保为社会，社会办水保”的局面。

◇ 组织群众开展水土保持是做好水土保持工作的重要环节

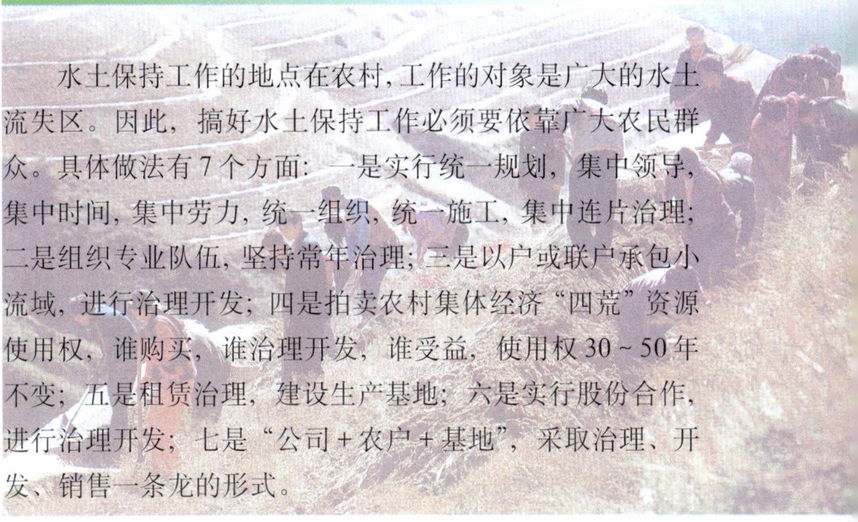

水土保持工作的地点在农村，工作的对象是广大的水土流失区。因此，搞好水土保持工作必须要依靠广大农民群众。具体做法有7个方面：一是实行统一规划，集中领导，集中时间，集中劳力，统一组织，统一施工，集中连片治理；二是组织专业队伍，坚持常年治理；三是以户或联户承包小流域，进行治理开发；四是拍卖农村集体经济“四荒”资源使用权，谁购买，谁治理开发，谁受益，使用权30～50年不变；五是租赁治理，建设生产基地；六是实行股份合作，进行治理开发；七是“公司＋农户＋基地”，采取治理、开发、销售一条龙的形式。

◆拍卖“四荒”资源使用权进行水土流失治理，是促进生态建设的有效措施之一

拍卖“四荒”资源使用权，对治理水土流失所起的作用表现在：

一是加快了治理速度。由于拍卖“四荒”资源使用权进行治理开发，把责、权、利结合起来，使购荒者买得放心、利益连心、投入热心、治理用心、管护精心。不仅农户可以购买，企事业单位、城镇职工也可以购买，有利于形成社会办水保的局面，加快治理荒沟、荒坡的速度。

二是促进了产业结构的调整。农民由过去单一经营耕地扩展到“四荒”开发，使剩余劳力、时间以及技术专长得以利用，促进多种经营发展和产业结构调整。

三是增加了水土保持的投资渠道。过去农民把治理水土流失当成国家的事，单纯依靠国家投入。拍卖后，购卖者主动投入，增加了水土保持的投资渠道。

四是促进了各级干部思想观念和工作作风的转变。商品经济、市场经济观念加强，法律意识、服务意识增强，管理水平得到了提高。

◆加强管护，巩固水土流失治理成果，是提高水土保持长期效益的关键

“重治理轻管护”是水土保持工作中长期存在的问题，这种观念导致了治理面积大、保存面积小的结果；造林呈现出成活率低、保存率低、效益低的“三低”局面。扭转这种局面应采取以下措施：

一是加强水土保持监督执法。《中华人民共和国水土保持法》规定：任何单位和个人不得破坏或侵占水土保持设施，企事业单位在建设和生产过程中损坏水土保持设施的，应给予补偿。

二是加强管护。经验收合格后的水土保持设施，明确管护责任，成立管护队伍，制定管护制度，建立档案，设立标志，确保所建工程长期发挥效益。

三是明晰产权，落实管护责任。对国家和集体修建的工程，坚持所有权归集体、使用权承包到户，谁承包，谁受益，谁管护，或者承包者交纳承包费，村组统一维修养护。个体治理的，实行“谁治、谁管、谁受益”。

四是对治理项目进行跟踪调查和后评估。对项目建设初期确定的指导思想、目标、规模、措施布局、管护状况进行全面评估，发现问题及时解决。

五是加强宣传教育工作，提高群众保护治理成果的自觉性，防止破坏，保证工程完好。

实行水土保持产业化，促进水土保持事业发展

实行水土保持产业化就是：依靠科技进步和创新，加大科技含量，对自然资源进行综合开发利用，把低效和劣质侵蚀的土地，改造成高产、高效的优质土地。在这些土地上发展种植业、养殖业及相关加工业，建成有本地特色的支柱产业，形成规模，纳入企业化、规范化、市场化的经营管理轨道。

推进水土保持产业化的主要做法：一是实行区域化治理、规模化开发。做到治理一条小流域，开发一个拳头产品，发展一方经济，富裕一方人民。二是专业化、系列化生产。按照“因地制宜，合理布局，优化结构”的原则，选准支柱产业，发展拳头产品，做到一乡一产业、一村一产品、一户一项目，把治理区建成独具特色的经济小区。三是一体化经营。按照大生产、大流通、大发展的思路，坚持以市场为导向，以龙头企业为主体，以支柱产业和千家万户为基础，上联市场，下联基

地，加工增值，走种养加相结合、产供销一条龙、农工贸一体化的道路。四是健全和完善社会化服务体系。相关企业、公司和水土保持管理部门，发挥连接市场和农户的桥梁作用，提供信息，开展技术咨询，兴办苗圃，开办水土保持产品加工厂，推动水土保持产品走向市场。五是建立新的治理经营机制，形成全民办水保、社会办水保，多层次、多元化发展的新格局。

加强水土保持科学研究和应用技术推广是水土保持事业发展的重要组成部分

科学技术是第一生产力。水土保持科学研究和技术推广工作是水土保持发展的重要支撑。新中国成立以来，《中国水土保持概论》、《水土保持原理》、《水土保持学》、《水土保持工程》、《水土保持林草》等一系列理论著作的问世，对土壤侵蚀进行了科学的分类，揭示了水土流失发生的机理、规律和分布，提出了防治措施，初步建立起了我国水土保持理论体系，成为一门独立完整的新兴学科。围绕水土保持基础理论研究、实用技术推广、高新技术应用等，全国已通过鉴定验收的科技成果共3 000多项。这些科技成果的推广应用，有力地推动了我国水土保持建设事业的发展。

《水土保持综合治理》等系列国家技术标准的颁布，标志着我国水土保持技术标准体系基本形成，《水土保持建设项目前期工作暂行规定》的执行，使水土保持工作步入了规范化、科学化管理的轨道。

全国10个水土保持生态环境建设示范城市、100个水土

保持生态建设示范县(市)、1 000条水土保持生态建设示范小流域的建设，发挥了典型示范、以点带面、辐射推广的良好作用。

步入21世纪，我国水土保持科学技术工作的发展方向是：以服务水土保持生态建设为目标，以科技创新为手段，以高新技术应用为突破口，以开发、引进和推广先进实用技术为重点，开展前瞻性、战略性、方向性的重大理论问题和生产急需的关键技术研究，建立先进的水土保持生态建设科技支撑体系。

我国的水土保持监测体系建设

水土流失状况和生态环境情况的监测预报是水土保持工作的基础，是国家生态建设宏观决策和科学防治的依据。在我国水土保持监测体系建设中，国家成立了水土保持监测中心，7大流域机构成立水土保持监测中心站，省（自治区）成立水土保持监测总站和重点监测分站。在全国形成一个庞大的水土流失监测网络。通过"3S"技术与信息技术的有机结合，形成全国监测与管理信息系统，并定期发布全国及重点地区水土流失状况和生态环境情况信息。监测的对象包括区域监测、中小流域监测、开发建设项目监测。监测的方法包括地面观测、遥感监测、调查、试验等。

21世纪我国水土保持的奋斗目标

近期（2001～2010年）目标：每年治理水土流失面积5万平方公里，10年新增水土流失治理面积50万平方公里，水土流失治理程度达到35%左右，重点水土流失治理工程初见成效，基本遏止生态环境恶化趋势，坚决控制住人为造成的水土流失。

中期（2011～2030年）目标：在巩固提高水土保持治理成果的基础上，继续保持较高的治理速度，期末使水土流失治理程度达到75%以上，重点水土流失治理工程大见成效，全面制止各种人为造成的新的水土流失。

远期（2031～2050年）目标：全国宜治理的水土流失面积全部治理完成，水土流失和沙漠化基本得到控制，坡耕地梯田化，宜林宜草地全部绿化，“三化”草地得到恢复，依靠预防监督执法和科学技术巩固水土流失治理成果，提高环境质量。根治人为造成的水土流失，改变恶劣的生态环境，全国大部分地区实现山川秀美。

主　　编　刘　震
副 主 编　宁堆虎　邰源临
参加编写　蒲朝勇　乔殿新　刘万铨
　　　　　　苏仲仁　王正秋
图片提供　水土保持司　孙太旻　殷鹤仙